电力设施保护宣传图册

（第二版）

撰文　晓风　祝伦
绘画　潘文辉
审核　刘广州　张劲松

图书在版编目（CIP）数据

电力设施保护宣传图册 / 晓风，祝伦撰文；潘文辉绘画 . —2 版 . —北京：中国电力出版社，2022.4（2023.6 重印）

ISBN 978-7-5198-6673-0

Ⅰ．①电… Ⅱ．①晓… ②祝… ③潘… Ⅲ．①电气设备－保护－图集 Ⅳ．① TM7-64

中国版本图书馆 CIP 数据核字 (2022) 第 060763 号

出版发行：中国电力出版社
地　　址：北京市东城区北京站西街 19 号（邮政编码 100005）
网　　址：http://www.cepp.sgcc.com.cn
责任编辑：翟巧珍（806636769@qq.com）
责任校对：王小鹏
装帧设计：赵丽媛
责任印制：石　雷

印　　刷：北京九天鸿程印刷有限责任公司
版　　次：2005 年 11 月第一版　2022 年 4 月第二版
印　　次：2023 年 6 月北京第二十一次印刷
开　　本：787 毫米 ×1092 毫米　32 开本
印　　张：2
字　　数：29 千字
印　　数：147001—152000 册
定　　价：19.80 元

版权专有　　侵权必究

本书如有印装质量问题，我社营销中心负责退换

内容提要

《电力设施保护宣传图册》自2005年11月发行以来，累计印刷18次，印量达13.7万册。为更好地宣传保护电力设施，保护我们的人身安全和用电安全，根据现行规程规范以及规章制度等，对《电力设施保护宣传图册》进行了修订，形成《电力设施保护宣传图册（第二版）》，继续向社会大众推广宣传，持续提高大家保护电力设施的意识！同时，第二版采用彩图版，更加形象生动，也更适宜大家学习与阅读。

本图册文字以顺口溜的形式进行编写，读起来朗朗上口；图画形象生动，完美诠释了《电力设施保护条例》，并提醒社会公众：保护电力设施，人人有责！

本图册适用于电力系统内外广大的读者，也是面向全社会的一本普及电力设施保护知识的科普读物。

电力设施保护宣传图册（第二版）

朋友，电力关爱生命，温情提示公众。

保护电力设施，人人都应尽责。
危害行为发生，人人有权制止。

仔细瞅、认真看，发电厂、变电站；
变压器、高压线，铁塔电杆连成串，
承担电能输配变。

它给我们送光明,我们给它送安宁。

架空电力线、杆塔加拉线，
接地装置线、导线避雷线，
跨越航道线、标识牌、巡线站，
全部都要保安全。

电缆沟、电缆线,电缆井加盖板,
主辅设施保平安。

变压器、电容器、电抗器、断路器、避雷器、互感器、隔离开关、熔断器,都应保护别大意。

电力调度特重要,配套设施不可少,
通信、控制、自动化,安全运行靠大家。

电力设施保护宣传图册（第二版）

线路应设保护区，导线两边要留意。

电力电缆有标记,两侧均为保护地。

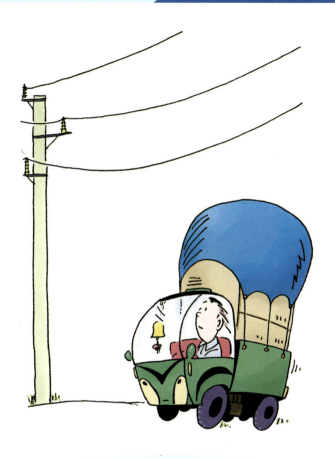

驾车要向前方看,注意空中高压线。

线路旁边别乱来,注意塔上标识牌。

地下电缆铺设后,永久标识要立就。

电力设施要安全,禁止爆破受牵连。

水上行船要注意，桅杆、导线留距离。

变电站、发电厂，生产重地别乱闯。

高压线下莫垂钓,容易触电把命掉。

物体别向线路抛，砸毁电线要坐牢。

电力设施保护宣传图册（第二版）

线路两侧放风筝，容易触电送性命。

确保安全别蛮干,严禁违章乱接电。

擅自登杆太可怕,千万别装胆子大。

广播线、电话线，电视线、高压线，
强电弱电要分辨，同杆架设别相伴。

杆塔不能作地锚,拉线牵力难拴牢。

严禁杆塔拴牲畜,拉线严禁挂物体。

杆塔附近莫取土,倒杆断线受牢苦。

杆（塔）（拉）线之间别修路，防止发生大事故。

拉线不能太负重,倒杆断线天地动。

电力设施标识牌,严禁拆移别乱来。

电力线路要保护,保护区内禁堆物。

草料、垃圾和谷物，矿渣、易燃易爆物，
危险有害化学物，一经发现要清除。

防止线路受损伤,不得烧窑和烧荒。

抛锚炸鱼和挖沙,危及安全太可怕。

电力线路要保护,线下不建建筑物。

地下电缆有走向,上面不能乱堆放。

保护电线要认真,线下种植应当心。

高秆植物不能种，长高碰线要人命。

电力线路要保护,严禁打桩和挖土。

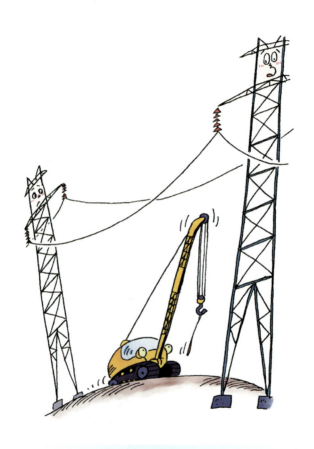

起重机械要看清,电力线下别乱行。

遵规守纪不盲动,先办许可再施工。

电力线路受保护,安全距离要留足。

电力电缆太特别,保护区内不作业。

开山放炮想挣钱,注意附近高压线。

电力标识要珍爱,不得涂改和损坏。

电力设施和器材,不得收购和买卖。

新架线路要注意,跨越障碍有距离。

公共设施要占地,电力设施应迁移,
双向商量定协议,补偿问题别大意。

电力设施要规划,城乡建设一体化。

新建、改建和扩建，纳入规划统一办。

电力设施保护宣传图册（第二版）

电力设施要护爱，严防盗窃搞破坏。

干群齐心又协力,检举揭发有奖励。

电力设施保护宣传图册（第二版）

防治结合靠群众，不让事故再发生。

家长老师齐努力,教育孩子别淘气。

电力设施保护宣传图册（第二版）

平时玩耍要注意，远离电线变压器。

盗窃电能法不饶，最终下场不太好，
轻的要罚款，重则要蹲牢。

电力设施要保护,群众护线尽义务。

电力设施要保护,生活发展两不误。

国家依法治电网,安全运行有保障。

电力设施要安全,和谐社会齐构建。

经济发展电先行,保护电网靠公众。